DISCOVER WHALES
鲸　鱼

英国北方旅行出版公司（North Parade Publishing）　著

孙　灿　译

海洋出版社

2018 年·北京

图书在版编目（CIP）数据

鲸鱼 / 英国北方旅行出版公司著 ; 孙灿译. --
北京 : 海洋出版社, 2018.6
　（海洋发现）
　书名原文 : discover whales
　ISBN 978-7-5210-0071-9

Ⅰ.①鲸… Ⅱ.①英… ②孙… Ⅲ.①鲸 – 儿童读物
Ⅳ.①Q959.841-49

中国版本图书馆CIP数据核字（2018）第061648号

图字：01-2017-3391
版权信息：English Edition Copyright © 2016 North Parade Publishing, Bath, UK
Copyright of the Chinese translation © 2018 Portico Inc.
ALL RIGHTS RESERVED

策　　划：高显刚
责任编辑：杨海萍
责任印制：赵麟苏

海洋出版社　出版发行

http://www.oceanpress.com.cn
北京市海淀区大慧寺路 8 号　邮编：100081
北京佳明伟业印务有限公司印刷　新华书店发行所经销
2018 年 8 月第 1 版　2018 年 8 月北京第 1 次印刷
开本：889mm×1194mm　1/16　印张：2.5
字数：42 千字　定价：48.00 元
发行部：62132549　邮购部：68038093　总编室：62114335

海洋版图书、印装错误可随时退换

目录

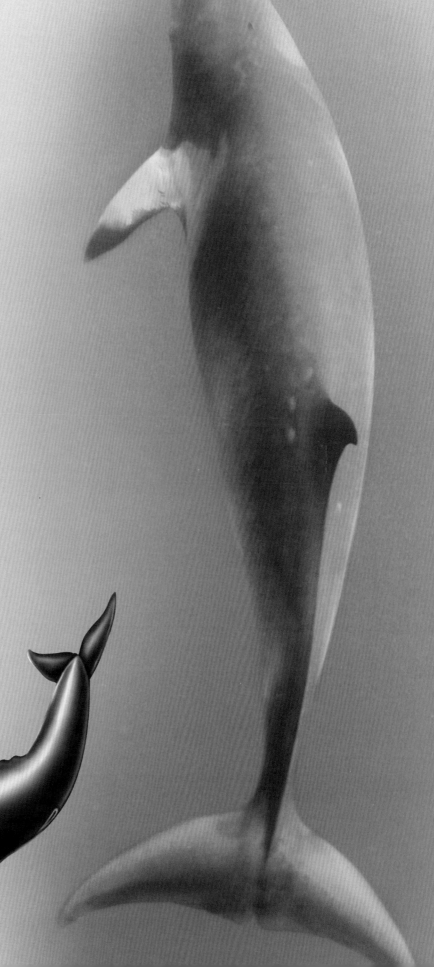

海底世界

鲸是温血水生哺乳动物，世界各地均有分布。

鲸从哪里来？

鲸属于鲸目，是偶蹄目或偶蹄类陆生哺乳动物的后代。人们相信，鲸第一次开始水中探险大约是在5 000万年前。龙王鲸和矛齿鲸是完全水生动物，被公认为是鲸类。

鲸长什么样？

鲸是温血海洋哺乳动物，用肺呼吸，而不是鳃。它们通常呈黑色、灰色、棕褐色或白色。鲸的皮下有一层厚厚的脂肪，称为"鲸脂"。鲸主要有两种：须鲸和齿鲸。

鲸其实和河马是近亲

鲸的处境危险吗？

鲸几乎没有天敌。实际上，它们生存最大的威胁来自人类。几个世纪来，人们猎杀鲸鱼以获取鲸肉、鲸骨、鲸脂和鲸油，这就是造成鲸类数量锐减的"捕鲸业"。有害的人类活动，比如排放毒素和工业废弃物对海洋造成的污染以及船只和潜水艇对于声呐装置的使用，都使鲸和其他海洋生物身处险境。

尾部的鱼鳍，或称尾鳍，可以帮助鲸在水中活动

许多现代船只都使用声呐导航，据说对鲸有害

哺乳动物

虽然鲸看起来像鱼，但实际上它们却是哺乳动物，有着显著的哺乳动物特征。

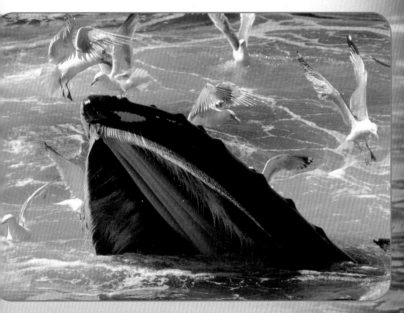

 鲸的嘴巴周围长着小短毛，帮助它们感知物体

哺乳动物特征

所有的鲸都是温血哺乳动物。这意味着它们能够自行在体内产生热量并调节体温。借助头顶的喷水孔，鲸可以用肺呼吸。和陆生哺乳动物一样，雌鲸产出胎生的幼崽，并用母乳喂养它们，直到它们能够自行捕食为止。

 白鲸的心率为12～20次/分

我的心，怦怦跳

鲸还有一个和其他哺乳动物相同的特征，那就是它们的心脏也有4个心室。不同种类的鲸心率各不相同。大型鲸的心率通常比小型鲸缓慢，为10～30次/分。当它们潜入深水时，会将心率放缓，以免耗氧过多。

海陆各不同

尽管鲸是真正意义上的哺乳动物，但却有许多和其他哺乳动物截然不同的特征。鲸的背鳍中没有骨头；它们下颚前伸、上颚后缩，使得喷水孔稳居头顶；它们没有皮肤腺体，也没有嗅觉或是泪腺；它们也没有耳廓。

鲸和海狮、海牛之类的其他水生哺乳动物迥然不同

你知道吗？

鲸是用前胃肌肉来咀嚼食物的。

鲸的感知

鲸的感知系统适应水下和水面生活。

在幽暗的水下世界，视觉并没有听觉那么重要

鲸的五感

鲸在水下可以看见东西，但它们的视觉却没有听觉那么敏锐，这是因为声音传播在水下比在陆地上更有效。鲸的皮肤对触摸相当敏感。关于鲸的味觉的话题在科学家中引起过诸多争议。它们的嗅觉很差，实际上很多鲸完全闻不到任何气味。

人们相信，地球磁场可以在鲸洄游时帮它们指明方向

北

南

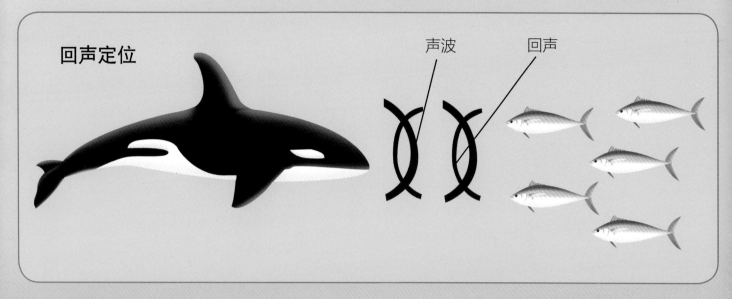

回声定位

声波　回声

 鲸利用回声定位在水下导航，并侦查敌人、猎物和前方可能出现的一切危险

回声定位

　　鲸的听觉异常敏锐，其中回声定位的能力功不可没。回声定位是一个复杂的过程：鲸借助头部充满脂肪的瓜状器官——额隆发出击打声，声波遇到物体，以回声的形式弹射回来，被鲸下颚一处充满脂肪的腔体接收，再从那里传导至脑部。回声定位可以帮助鲸鱼了解不同物体的形状、距离、质地和位置。

你知道吗？

　　齿鲸的回声定位能力比须鲸强。

富有磁力的个性

　　鲸还有一项特别的能力。人们相信，它们能探测到地球磁场，并以此为长距离洄游导航。然而它们是如何做到的，目前尚不清楚。有些科学家认为，鲸搁浅岸上是因为地球磁场出现异常，把它们带错了方向。

鲸的声音

鲸为了沟通和其他目的所发出的声音，被称作"鲸的歌声"。

 最迷人的歌声，来自座头鲸

鲸为什么歌唱？

听觉对鲸来说至关重要，它们几乎所有的日常活动都依靠听觉完成。这主要是因为在水下其他感知功能都没有听觉有效。鲸利用声音来进行沟通、回声定位和导航。声音还可以帮助鲸探测水深以及障碍物的形状和大小。

齿鲸的声音

齿鲸的发音系统比须鲸复杂。它们利用头部一处被称作"发音唇瓣"的狭窄通道发出高频击打声和哨音。流经此处的空气使唇瓣周围的组织振动，发出声音。多数齿鲸都有两套发音唇瓣，可以发出两种不同的声音。

须鲸的声音

须鲸和齿鲸不同，没有发音唇瓣。它们使用喉部发音，和人类相似，但方法不尽相同。它们很有可能是通过气体在体内的流转来发音，但具体发音机制尚不清楚。

 须鲸使用喉部发音

海豚和齿鲸的发音方法

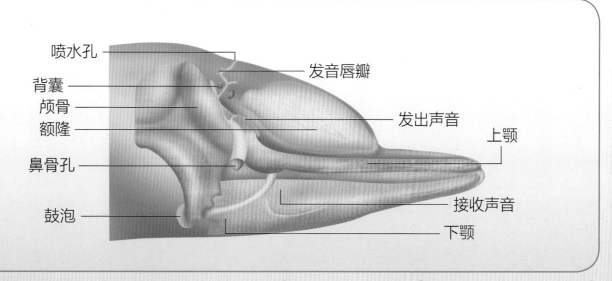

- 喷水孔
- 背囊
- 颅骨
- 额隆
- 鼻骨孔
- 鼓泡
- 发音唇瓣
- 发出声音
- 上颚
- 接收声音
- 下颚

睡不着的鲸

和所有哺乳动物一样，鲸需要睡眠，并且养成了独特的睡眠习惯，以适应环境。

鲸为什么睡不着？

鲸的呼吸系统和陆生哺乳动物截然不同。鲸的呼吸并不是无意识的，实际上，它们是在想呼吸的时候才会呼吸。而且因为它们在水下生活，所以必须不停地移动，以防止沉入海底。因此，鲸无法进入深层睡眠，否则它们就会被淹死！

美容觉

鲸无法进入深层睡眠，并不意味着它们完全不睡觉。事实上，它们每天都需要8小时睡眠。睡觉时，它们的大脑只有一部分睡着了，其余部分则保持清醒。人们相信，有些齿鲸是大规模组队睡觉的，其中一名成员保持完全清醒，肩负着提醒其他成员呼吸的任务。

 鲸必须不停地游动，才不会沉到水底

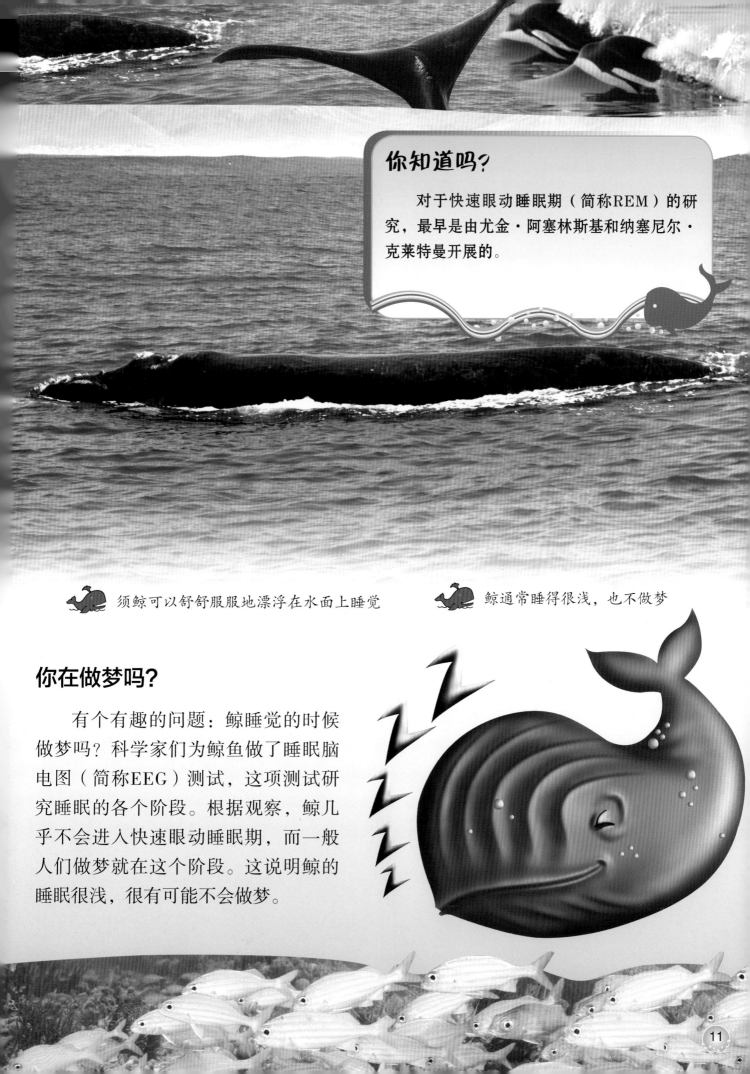

你知道吗？

对于快速眼动睡眠期（简称REM）的研究，最早是由尤金·阿塞林斯基和纳塞尼尔·克莱特曼开展的。

须鲸可以舒舒服服地漂浮在水面上睡觉

鲸通常睡得很浅，也不做梦

你在做梦吗？

有个有趣的问题：鲸睡觉的时候做梦吗？科学家们为鲸鱼做了睡眠脑电图（简称EEG）测试，这项测试研究睡眠的各个阶段。根据观察，鲸几乎不会进入快速眼动睡眠期，而一般人们做梦就在这个阶段。这说明鲸的睡眠很浅，很有可能不会做梦。

水啊水，到处有

很久以前，鲸、海豚和鼠海豚都是陆生动物。几百万年来，它们适应了水下生活。

 鲸的骨骼结构很特别，有助于游泳

天生的游泳健将

鲸有许多适合游泳的特征。它们的身体是流线型的，可以减少与水的摩擦力。它们通体几乎光滑无毛，也可以减少摩擦。它们的肋骨架十分灵活，有时完全与脊柱脱离，这可以让胸部尽可能扩张，在呼吸时吸入更多的空气。

 鲸有流线型的身体，可以减少与水的摩擦力

强健有力的脖子

  鲸的脖子强健有力，能使它们以很快的速度乘风破浪，这与它们特殊的骨骼结构密不可分。它们颈部的椎骨很短，部分合并为一整块大骨头，提供了巨大的颈部力量。此外，连接颈部椎骨的骨骼数量减少，也使它们在水下更为灵活。

尾鳍和鳍肢

  鲸使用尾部水平的尾鳍推动自己在水中前进，鳍肢则用来"掌舵"。鳍肢由短平的臂骨、一些延长的指骨和碟状的腕骨组成。肘部关节几乎固定在一处，使鳍肢保持不动。所有这些特征都可以帮助它们更高效地游动。

鲸的鳍肢几乎固定不动，这可以帮助它们在水中掌握方向

体温调节

地球上的海洋有时异常寒冷，这就是为什么鲸需要"全副武装"，让自己保暖。

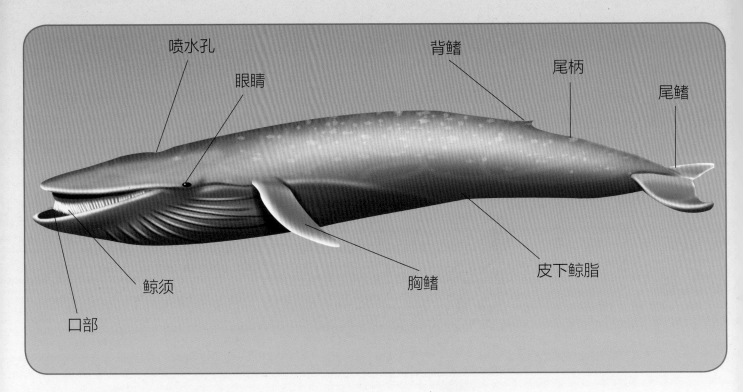

- 喷水孔
- 眼睛
- 背鳍
- 尾柄
- 尾鳍
- 鲸须
- 口部
- 胸鳍
- 皮下鲸脂

 鲸脂是鲸皮下的一层脂肪

有效隔热

鲸对抗严寒最有效的保护措施就是自己的鲸脂。这是它们皮下一层厚厚的脂肪，除了鳍肢和尾鳍之外，全身均有分布。鲸脂就像隔热层，可以防止体温散失，保存热量。当食物短缺时，鲸脂还可以用来储存能量。

你知道吗?

在同样的温度下，热量在水中散失的速度大约比在空气中快27倍。

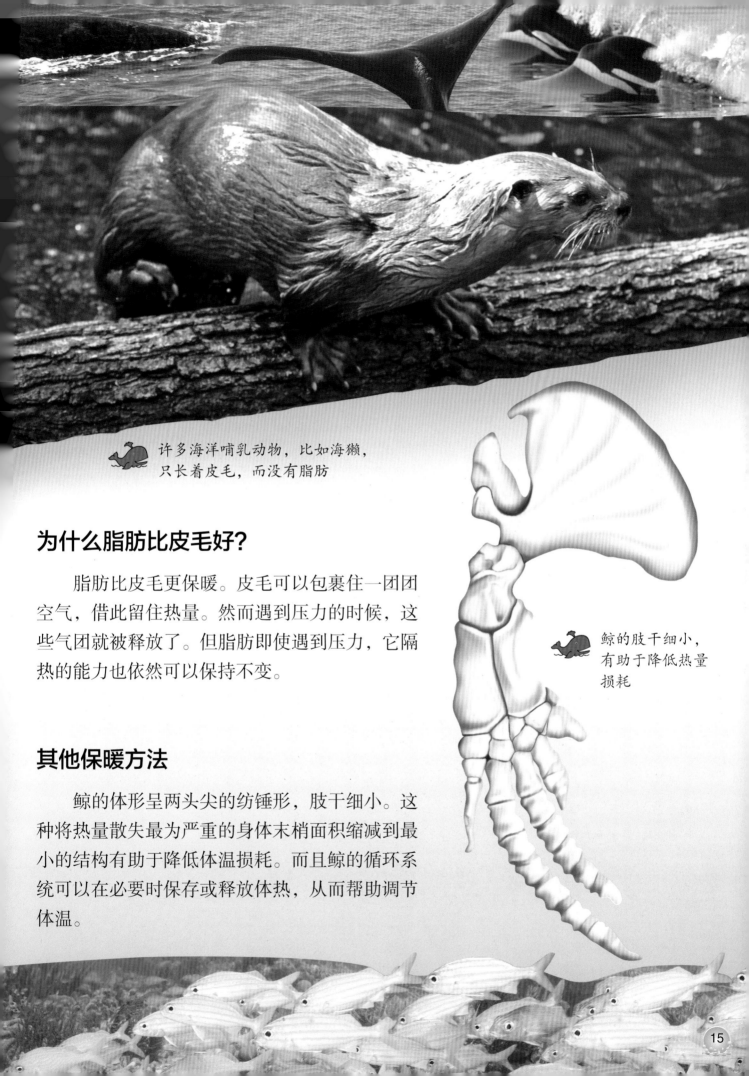

许多海洋哺乳动物，比如海獭，只长着皮毛，而没有脂肪

为什么脂肪比皮毛好?

脂肪比皮毛更保暖。皮毛可以包裹住一团团空气，借此留住热量。然而遇到压力的时候，这些气团就被释放了。但脂肪即使遇到压力，它隔热的能力也依然可以保持不变。

鲸的肢干细小，有助于降低热量损耗

其他保暖方法

鲸的体形呈两头尖的纺锤形，肢干细小。这种将热量散失最为严重的身体末梢面积缩减到最小的结构有助于降低体温损耗。而且鲸的循环系统可以在必要时保存或释放体热，从而帮助调节体温。

捕食时间

齿鲸和须鲸各自有不同的捕食方法。

过滤食物

须鲸之所以与众不同，是因为它们没有牙齿。取而代之的鲸须板就像筛子一样从水中过滤食物。须鲸有两个喷水孔，水喷出来呈V字形。雌须鲸通常比雄须鲸大。一般来说，须鲸的体型比齿鲸要大。

须鲸用口中的鲸须板过滤食物

你知道吗?

抹香鲸并不用牙齿捕食，而是用它们表达愤怒和炫耀!

尾鳍

喷水孔

眼睛

背脊

喙

鲸须

喉褶

鳍肢

肚脐

泌尿生殖裂

"啊呜"一口咬下去

齿鲸和须鲸的不同之处在于齿鲸有牙齿。齿鲸体型相对较小，只有一个喷水孔，而不是两个。它们的头部也有一个额隆，是为了回声定位进化而来的。齿鲸没有声带，它们通过喷水孔发出声音。它们也同样没有嗅觉或是涎腺。齿鲸是很好的猎手，可以用牙齿牢牢地咬住猎物。它们通常捕食枪乌贼、鱼类和小型海洋哺乳动物。

 齿鲸长着许多小锥型齿，用来捕猎

开饭啦！

大多数鲸都有捕食季节。鲸在捕食季节的食物摄入量很大，多余的能量储存在鲸脂中，以帮助它们过冬。须鲸在夏季要花4~6个月密集捕食，接下来的6~8个月则在旅行和交配。在后几个月中，它们吃得很少，甚至根本不吃。

 灰鲸在捕食季节体重可增加16%~30%

深呼吸

鲸是居住在海里的哺乳动物，与所有哺乳动物一样，用肺呼吸氧气，而不是像鱼那样，用鳃过滤。

喷水孔

鲸用被称为"喷水孔"的鼻孔呼吸。喷水孔通常位于鲸的头顶，通过气管与肺部相连。喷水孔上覆盖着肌皮瓣，防止下潜时进水。在深潜之前，喷水孔周围发力的肌肉放松，肌皮瓣将喷水孔覆盖起来。抹香鲸能潜入2 800米的深海，单次潜水时间可超过2小时！

 头顶的喷水孔可帮助鲸在水面上呼吸

吸气，呼气

鲸的呼吸不受自主神经系统控制，而是一种自愿行为，这能让它们长时间待在水下。需要空气的时候，鲸就浮上水面，先从喷水孔喷出水雾，将体内的废气排出，然后吸入新鲜空气，再潜入水中。空气传入肺部，之后通过血液将氧气输送至身体其他部位。

鲸呼气的时候，水雾从喷水孔喷涌而出

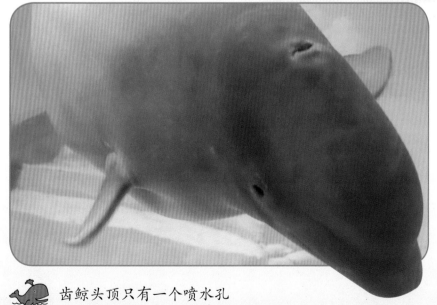

齿鲸头顶只有一个喷水孔

喷水孔有几个？

鲸通过长在头顶上的喷水孔呼吸。有些鲸只有一个喷水孔，有些则有两个。多数须鲸有两个喷水孔，齿鲸一般只有一个喷水孔。须鲸的第二个喷水孔是长期进化形成的，为了帮助回声定位。

亲爱的妈妈

鲸都是胎生哺乳动物，母鲸产下幼崽，用乳汁哺育它们。

鲸在很长一段时间里，都要保护和抚育自己的幼崽

鲸宝宝出生啦

　　鲸是胎生动物。母鲸季节性产崽，通常每过1～3年产下一头幼鲸。母鲸喜欢在温暖的热带水域里生产，有时也会产下双胞胎，但相当罕见。鲸根据品种不同，妊娠期为9～18个月不等。

你知道吗？

虎鲸，又称逆戟鲸，妊娠期超过16个月。

可爱的鲸宝宝

幼鲸几乎刚一出生就会游泳，会凭着本能立刻浮上水面呼吸。幼鲸通常靠妈妈的乳汁为生，有些鲸种哺乳期长达一年。幼鲸通常呈杂色，这是它们的保护色，可以避免被天敌发现。刚出生的幼鲸身上长着一层薄薄的绒毛，但长大些绒毛就会褪去。

 幼鲸生来就睁着眼睛，十分警觉。它们刚一出生，就会立即游到水面呼吸

"巨无霸"蓝鲸宝宝

蓝鲸妈妈生下的宝宝是世界上所有生物的宝宝中最大的。这些"巨婴"一般身长7.6米，重达6~8吨。蓝鲸的妊娠期为11~12个月，每2~3年产崽一次。蓝鲸宝宝每天要喝200升奶，一天就能长44千克！

 雌性蓝鲸的乳汁富含脂肪

鲸的种类

所有鲸都属于鲸目。我们发现，鲸主要有两种——须鲸和齿鲸。

须鲸

须鲸从水中滤食。鲸目中的须鲸亚目由须鲸构成。鲸主要以大量进食磷虾为生。磷虾是一种小虾模样的甲壳动物，对鲸这种庞然大物而言，磷虾可谓小到微不足道了。

你知道吗？

蓝鲸有320对鲸须板和深灰色的鲸须毛。

 须鲸通常比齿鲸体型大

齿鲸捕食枪乌贼、鱼类和海洋哺乳动物

齿鲸

齿鲸属于鲸目中的齿鲸亚目，它们用牙齿捕食。已知的齿鲸有72种。

什么是鲸须？

鲸须是一种坚硬的可活动物质，像是筛子，可供须鲸从水中滤食。鲸须由角蛋白构成，从上颚垂下，边缘两旁有多毛的鲸须板，帮助须鲸从水中滤食浮游生物和磷虾。

鲸须特写

须鲸家族

须鲸所在的须鲸亚目包括4大家族，共计14种鲸。

什么是须鲸？

须鲸是世界上体型最大的动物之一。并非所有须鲸都采取同样的方法进食。有些须鲸边游泳边吞食；有些一直张着大嘴，让食物自己过滤进去；有些两种方法都用。它们还有一种进食技巧，被称为"底栖进食"，就是从海床的淤泥中寻找食物。

 座头鲸腹部有白色的斑点

 须鲸的食物包括各种小鱼、磷虾和浮游生物

你知道吗？

露脊鲸上颚细密的鲸须毛多达100根，下颚大约有300根。

座头鲸

座头鲸是最令人惊叹的须鲸之一。它们因美妙、诱人的歌声和复杂的捕食方式而闻名。座头鲸一次可以潜水30分钟，因潜水时采用的姿势而得名（"座头"之名源于日文"ザトウ"，意为"琵琶"，指鲸鱼潜水时背部的形状）。多数座头鲸可以存活45～50年。

我是对的

露脊鲸的下颚看起来像弓，头很大。人们对它们了解不多，但据说它们可以存活60年以上。以前捕猎这些生物的人觉得这种鲸是"对的（Right）"或"合适的（Right）"猎物，因为它们体内储存着大量鲸脂。这也正是它们英文名字（Right Whale）的由来。

露脊鲸的体色是黑色或深灰色，带有棕色、白色或两者兼有的斑点

齿鲸的微笑

齿鲸属于鲸目中的齿鲸亚目，特征是长着牙齿，擅长捕猎。

齿鲸用牙齿猎捕诸如枪乌贼、鱼类和海洋哺乳动物之类的食物

看看我的牙齿

齿鲸和须鲸最主要的不同点就是它们有牙齿，可以用牙齿捕食。然而，它们却无法使用自己的楔形齿来咀嚼食物。有些齿鲸有着多达250颗牙齿，而有些齿鲸却仅有2颗！

抹香鲸

抹香鲸是体型最大的齿鲸。它们的体长能到17～20米，体重可达40～50吨。它们有着所有动物中最大的头部，大脑重量可达9千克。抹香鲸全身包裹着一层抹香鲸脑油，这是由它们头内一处器官产生的。它们的寿命可以达到70年以上。

抹香鲸是最大的齿鲸，因为体型太大，游动较为缓慢

你知道吗?

抹香鲸常常看上去就像一截木桩。因为它们总是尾巴朝下一动不动地漂浮在水面上。

独角鲸

独角鲸是一种迷人的齿鲸，因雄性长长的独齿而闻名。这种鲸居住在冰天雪地的北极地区，非常罕见，因此人们对它们所知甚少，这更增添了它们的神秘色彩。雄性独角鲸的上颚长着两颗牙齿，左边的那颗很长，通常卷曲、空心。这两颗牙齿也许是用来自卫的。独角鲸通常以4～20只为一群行动，主要吃虾、枪乌贼和小型海洋哺乳动物。

独角鲸长长的独齿可以长到3米长！

感受蓝鲸

蓝鲸是世界上体型最大、嗓门最亮的动物。

我们都是大块头

雌性蓝鲸通常比雄性更大。它们平均体长是25米，体重120吨。人们测量过的最大的一头蓝鲸身长29米，体重174吨！蓝鲸的心脏也十分庞大，约重450千克。

 蓝鲸比其他任何水下生物都要大

我看起来棒吗？

蓝鲸是一种巨型须鲸，长着两个喷水孔和一层厚厚的鲸脂。它们通常呈灰蓝色，喉部有褶，在进食的时候褶可以扩张。这些巨鲸腹部长着黄色、灰色或棕色的斑点。它们的背鳍很小，呈镰刀状，长在靠近尾部的地方。蓝鲸仅血液重量就可以达到6 400千克。

 蓝鲸的鳍肢长度可达2.4米，宽度可达7.6米

你知道吗？

　　蓝鲸的叫声奇大无比，可以达到188分贝，而人类的叫声大约只有70分贝。

有什么好吃的？

　　蓝鲸是食肉动物，借助鲸须板滤食小鱼、浮游生物和磷虾之类的小型甲壳动物。蓝鲸是"吞食者"——也就是说，它们会吞下一大口水，再将水滤出，将其中所含的食物留在口中。蓝鲸的上颚有大约320对鲸须板，边缘长着深灰色的鲸须毛。蓝鲸的舌头也大得惊人，重量可达4吨！一只普通大小的蓝鲸一天可以吃下4 100千克食物。饭量可真大！

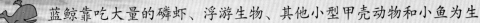 蓝鲸靠吃大量的磷虾、浮游生物、其他小型甲壳动物和小鱼为生

欢度暑假

鲸为了捕食和产崽，每年都要洄游几千千米。

鲸每年都会进行季节性洄游。
它们通常成群结队地旅行

准备出发

鲸，和多数鲸目动物一样，遵循季节性洄游。须鲸的洄游路线尤其漫长。多数鲸以小组或小群形式旅行，游到冷水区域捕食、温水区域产崽。

你知道吗？

成年座头鲸在冬季的几个月中是不进食的，只靠体内一层厚厚的鲸脂为生。

长路漫漫

灰鲸是所有鲸中洄游路程最长的，往返目的地一次的距离就达19 312千米。10月，灰鲸从捕食区楚科奇和白令海峡出发，一路南下，至产崽区墨西哥下加利福尼亚。它们会在那儿待上2～3个月，然后再回到捕食区。

 在所有鲸中，灰鲸的洄游距离最长，每次要花上好几个月

座头鲸洄游

座头鲸的季节性洄游距离也很长，每次约有6 437千米。冬天，它们在温暖的热带海域中产下幼鲸。夏天，它们洄游到寒冷的极地海域捕食。在漫长的旅途中，座头鲸很少休息。它们也能游得很快，有时速度可达14千米/时。

座头鲸沿着北美东海岸洄游

书籍与文化记载

在经典著作和通俗文学中，对鲸的记载数不胜数。许多地区文化认为，鲸是神圣的。

宗教记载

《圣经》中有对鲸的记载。英王钦定本《圣经》共有4处写到了鲸。《创世纪》中提到了上帝如何造出巨鲸。据说先知约拿曾被鲸吞入腹中。伊斯兰教最主要的经典《古兰经》中也有这一说法。

《圣经》中对鲸的记载有4处之多

马尔马拉海

神圣的鲸

在越南和加纳的部分地区，人们认为鲸是神圣的。他们会为在海岸上发现的死去的鲸举行葬礼——这种风俗起源于越南早期以海洋为基础的南亚文化。在世界上很多地区，比如阿拉斯加的科迪亚克和锡特卡，人们会用歌曲、艺术作品和赏鲸活动来咏颂鲸。

 有时，越南渔民会为死去的鲸举行葬礼

文学描写

文学作品中有很多关于鲸的描写。古英语诗歌《贝奥武夫》将大海描绘成"鲸路"。凯撒利亚重要的东罗马帝国学者普罗科匹厄斯曾讲过一头鲸鱼摧毁马尔马拉海渔场的故事。不能不提的还有美国小说《白鲸》，讲述的是一艘捕鲸船搜捕一头抹香鲸的故事。

你知道吗？

新国际版基督教《圣经》中已不再使用"鲸"（whale）的字眼。

消失的祖先

经过几百万年的进化，鲸从只有现在的狼那么大的陆生动物，变为用喷水孔呼吸的水生哺乳动物。

巴基斯坦古鲸

巴基斯坦古鲸是现代鲸最古老的祖先之一，现在已经灭绝了。几百万年前的始新世时期，它们曾经漫步在地球上。它们的化石在巴基斯坦曾经的古地中海海岸地区被发现，并由此得名。这些早期的"鲸"完全生活在陆地上，和狼大小差不多，看起来非常像另外一种现在也已经灭绝了的生物——中兽。

走鲸

走鲸也是一种曾经行走在地球上的早期鲸类。这些远古生物在地上和水中都行动自如，它们的化石对于鲸从陆生到水生哺乳动物的进化研究有着重要意义。它们的牙齿显示，它们在淡水和海水中都可以生存。

 巴基斯坦古鲸的骨架最早于2001年在巴基斯坦被发现

走鲸的鼻子构造非常特殊，因此它在水下也可以吞咽

龙王鲸

　　龙王鲸是一种迷人的鲸类祖先，长长的身体很像一条巨蛇。这是一种完全生活在水中的动物，不具备上岸的能力。龙王鲸生活在3 500～4 000万年以前，体长约18米。它们的化石显示出少量后肢存留，还长着小小的尾鳍。

龙王鲸

处境堪忧

鲸最大的威胁来自我们——人类！捕鲸之类的活动使它们的数量锐减。

夺命追杀

　　若干世纪以来，人们捕杀鲸以获取鲸肉、鲸须板、鲸脂和鲸油。这种行为被称为"捕鲸业"，在19世纪和20世纪尤为盛行，此举大幅削减了鲸的数量。因此，许多国家都已禁止捕鲸，以保护它们的数目。然而，包括日本、冰岛和挪威在内的部分国家无视国际上的谴责声，依然允许捕鲸。

你知道吗？

　　人们发现有毒的化学物质会造成鲸的听力丧失。

许多鲸的死亡都是误捕造成的。它们因陷在拖网渔船中而无法脱身

 全球变暖使地球温度上升，对鲸赖以生存的环境造成影响

环境问题

诸如全球变暖和气候变化这样的环境问题，也对鲸的数目造成了影响。水温升高造成磷虾死亡，而磷虾是许多鲸的主要食物来源。此外，用来进行天然气和石油勘探的地震测试危害极大，会影响鲸的听力和回声定位能力。

人为因素

有害的人类活动是使全球鲸类数量锐减的罪魁祸首。向鲸生存水域和周边倾倒的危险毒素正在摧毁它们的栖息地。误捕和船只事故也削减了鲸的数目。

 垃圾污染了海洋，还会被冲上海滩

常识总览

🐋 蓝鲸是世界上最大的动物。它们的身体直立起来有9层楼那么高！

🐋 侏儒抹香鲸是最小的鲸。成年鲸大约只有2.6米长。

🐋 短肢领航鲸是游得最快的鲸，时速可以达到48千米。

🐋 灰鲸是洄游距离最长的鲸，每年约为19 312千米。

🐋 世界上脑子最大的动物是抹香鲸。

🐋 露脊鲸死去的时候，尸体会漂浮在水面上。

🐋 座头鲸有时也被称为"歌唱鲸"。

🐋 长须鲸自卫时会用尾鳍当作武器。

🐋 海洋中最为濒危的鲸类是北大西洋露脊鲸。

🐋 在所有鲸中，露脊鲸的鲸须最长。

🐋 露脊鲸发出的声音最低沉，只有3～5赫兹。

🐋 鲸和河马是近亲。

🐋 人们认为独角兽的传说起源于独角鲸。

🐋 蓝鲸每一口吞下的水量相当于256 000杯，再通过鲸须板滤出。

🐋 许多齿鲸通过声呐系统定位猎物。